AF144093

BEI GRIN MACHT SICH IHR WISSEN BEZAHLT

- Wir veröffentlichen Ihre Hausarbeit,
  Bachelor- und Masterarbeit

- Ihr eigenes eBook und Buch -
  weltweit in allen wichtigen Shops

- Verdienen Sie an jedem Verkauf

Jetzt bei www.GRIN.com hochladen und kostenlos publizieren

Matthias Kaiser

Regionale Unternehmenscluster

Begriffsbestimmung und Theorien der Entstehung

GRIN Verlag

Bibliografische Information der Deutschen Nationalbibliothek:

Die Deutsche Bibliothek verzeichnet diese Publikation in der Deutschen National-
bibliografie; detaillierte bibliografische Daten sind im Internet über http://dnb.d-
nb.de/ abrufbar.

Dieses Werk sowie alle darin enthaltenen einzelnen Beiträge und Abbildungen
sind urheberrechtlich geschützt. Jede Verwertung, die nicht ausdrücklich vom
Urheberrechtsschutz zugelassen ist, bedarf der vorherigen Zustimmung des Verla-
ges. Das gilt insbesondere für Vervielfältigungen, Bearbeitungen, Übersetzungen,
Mikroverfilmungen, Auswertungen durch Datenbanken und für die Einspeicherung
und Verarbeitung in elektronische Systeme. Alle Rechte, auch die des auszugsweisen
Nachdrucks, der fotomechanischen Wiedergabe (einschließlich Mikrokopie) sowie
der Auswertung durch Datenbanken oder ähnliche Einrichtungen, vorbehalten.

Impressum:

Copyright © 2007 GRIN Verlag GmbH
Druck und Bindung: Books on Demand GmbH, Norderstedt Germany
ISBN: 978-3-640-28621-8

Dieses Buch bei GRIN:

http://www.grin.com/de/e-book/124140/regionale-unternehmenscluster

GRIN - Your knowledge has value

Der GRIN Verlag publiziert seit 1998 wissenschaftliche Arbeiten von Studenten, Hochschullehrern und anderen Akademikern als eBook und gedrucktes Buch. Die Verlagswebsite www.grin.com ist die ideale Plattform zur Veröffentlichung von Hausarbeiten, Abschlussarbeiten, wissenschaftlichen Aufsätzen, Dissertationen und Fachbüchern.

Besuchen Sie uns im Internet:

http://www.grin.com/

http://www.facebook.com/grincom

http://www.twitter.com/grin_com

Essay zu dem Thema:

„Regionale Unternehmenscluster: Begriffsbestimmung und Theorien der Entstehung"

Verfasser: Matthias Kaiser

Studiengang: Lehramt L3

Datum: 23.10.2007

Veranstaltung: Seminar zur Einführung in die Anthropogeographie WS 2007/08

Universität: Justus-Liebig Universität Gießen

Inhaltsverzeichnis:

1. Einleitung

Die vorliegende schriftliche Ausarbeitung beschäftigt sich mit dem Thema „Regionale Unternehmenscluster: Begriffsbestimmung und Theorien der Entstehung".

Die Wortschöpfung der regionalen Clusterung zählt vor allem seit den 90er Jahren zu den wichtigsten Modebegriffen in den Bereichen Wirtschaftsgeographie, Wirtschaftsförderung sowie Regionalpolitik. Durch die theoretische Untersuchung von wirtschaftlichen Ballungsräumen, in denen sich Netzwerke von eng zusammen arbeitenden Firmen gebildet haben, versucht die angewandte Forschung neue Erkenntnisse für die Praxis zu entwickeln. Allerdings weisen diese neuentwickelten Theorien unter den Wirtschaftsexperten viel Diskussionsstoff auf, weil viele abgeneigt sind, komplexe wirtschaftliche Wirkungsweisen in einem relativ statischen Modell zur Wirtschaftsförderung und langfristigen Erfolg zu komprimieren. Daher ist es sicherlich sehr interessant zu erfahren was man genau unter dem Begriff der „Regionale Unternehmenscluster" und den Theorien der Entstehung versteht.

Diese Ausarbeitung beginnt daher zunächst mit einer Begriffsbestimmung, die zu einem besseren Verständnis führen soll, um danach die Ziele und Visionen genauer zu erfassen. Darauf aufbauend wird das Stufenmodell regionaler Clusterung sehr detailliert beschrieben, welches die theoretische Untersuchung der Wirtschaftsforschung entwickelt hat.

Anschließend wird die wechselseitige Beziehung zwischen regionalen Clustern und Unternehmensgründungen analysiert, welche von sehr zentraler Bedeutung für das gesamte Konzept ist. Aus diesen Arbeitsschritten resultiert am Ende der Ausarbeitung ein abschließendes Fazit, welches noch einmal die wichtigsten Fakten aufgreift und das Konzept der regionalen Unternehmenscluster bewertet.

2. Begriffsbestimmung und Verständnis

Der englische Begriff „Cluster" wird in vielen unterschiedlichen Zusammenhängen verwendet und bedeutet erfahrungsgemäß Traube, Häufung, Bündel oder Zusammenballung. Die Grundvoraussetzung von einem räumlichen Unternehmenscluster in der Wirtschafts-geographie ist dementsprechend, wenn Unternehmen in einem bestimmten Gebiet räumlich konzentriert sind. Doch nicht nur Firmen gehören dem Cluster an, sondern auch Zulieferer, Dienstleistungsunternehmen sowie institutionelle Einrichtungen wie Universitäten und andere Bildungs- und Forschungseinrichtungen. Diese sogenannten Elemente des Clusters sind also sowohl räumlich konzentriert, als auch wirtschaftlich und geschäftlich eng miteinander verknüpft[1]. Die zentralen Merkmale sind also die räumliche sowie die sektorale

---

[1] Vgl. Sautter,B., 2004, S.66-67

Konzentration. Der grundlegende Initiator des Begriffes ist Professor Michael E. Porter, Professor für Wirtschaftswissenschaft an der Harvard Business School. Er charakterisiert die eng konzentrierte Zusammenarbeit dieser homogenen Einzelteilchen mit dem Begriff der Wertschöpfungskette. Diese bezeichnet den Weg des gesamten Produkts vom Lieferanten über den Hersteller bis zum Endkunden und deckt somit alle Prozesse der Planung, Produktion und Vermarktung ab, welche für den kompletten Umsatz relevant sind.

Es besteht folglich ein Netzwerk von konzentrierten Einheiten, die sich durch die räumliche Zusammenballung auch technologische Nähe und kooperatives Arbeiten versprechen, damit die Abläufe und der Erfolg der Wertschöpfungskette optimiert werden können. Neben den Unternehmen und Firmen ist ein spezielles institutionelles Umfeld notwendig, welches sich aus den Bestandteilen Clusterorganisationen sowie Forschungs- und Bildungseinrichtungen zusammensetzt. Diese sollen besonders für die Förderung der Innovationsnetzwerke und des Humankapitals sorgen. Die Entwicklung von Innovationsnetzwerken sind ein Hauptmerkmal regionaler Cluster, sie fördern die Verzahnung von Bildungs- und Forschungseinrichtungen untereinander mit den Unternehmen. Weitere Aufgaben von Innovationsnetzwerken sind zusätzlich die Anleitung und Unterstützung potentieller Gründer in informativer, finanzieller, marktorientierter und technologischer Hinsicht. Wichtig bei der Charakteristik eines Clusters ist, dass diese konzentrierte Raumeinheit keinen allgemeinen Industriezweig bilden, sondern lediglich Ausschnitte solcher sind. Dieses Merkmal meint genauer, dass sich ein Cluster auf einen bestimmten Bereich einer Branche spezialisiert, denn nur deshalb ist überhaupt eine effektive Zusammenarbeit zwischen Unternehmen und Institutionen möglich. Hierbei können sich aber auch häufig Werkschöpfungsketten bilden, die über Branchengrenzen hinweg arbeiten: "So arbeiten z.B. in Bereichen wie Multimedia, Umweltschutz oder Life Science Unternehmen aus den unterschiedlichsten Branchen zusammen."[2]

Die Verknüpfungen zwischen diesen Elementen des Clusters können sich einerseits durch „marktliche Austauschprozesse von Gütern und Dienstleistungen" auszeichnen und andererseits durch eine vertrauensvolle, technologisch verwandte Zusammenarbeit[3]. Innerhalb eines Clusters arbeiten nicht alle Unternehmen und Institutionen in gleichem Maße miteinander, sondern es entwickeln sich mehrere Schwerpunkte von technologisch verwandten Einheiten. Weitere Faktoren zur Entstehung eines regionalen Clustersystems sind der politische Einfluss auf die Region, die vorhandenen Bildungseinrichtungen, die Infrastruktur sowie die Bevölkerungsdichte. Das zentralste Element zur Entstehung und Vergrößerung eines Clusters sind aber die Unternehmensgründungen - ohne diese können

---

[2] Sautter,B., 2004, S.67
[3] vgl. Menzel, M.-P./Fornahl, D., 2005, S.133

keine intakten Netzwerke entwickelt und keine Ideen, Innovationen und Visionen reifen. Regionale Cluster können allerdings nicht einfach durch wirtschaftspolitischen Einfluss gegründet werden, sondern sie entstehen in einem langwierigem, nicht berechenbaren Prozess - so können bestimmte Entwicklungsphasen eines Clusters oft erst im Nachhinein festgestellt werden.

Zusammenfassend ist ein regionaler Unternehmenscluster also ein räumlich und sektoral begrenzter Ballungsraum, der mit Hilfe seines institutionellen Umfeld sowie der vertrauensvollen, technologienahen Kooperation eine hohe Qualität der Wertschöpfungskette für seine Produkte und Innovationen gewährleisten will.

3. Ziele und Visionen

Das Konzept der regionalen Unternehmenscluster wird von vielen Regionen wie bspw. dem Silicon Valley in Kalifornien oder der deutschen Autovision in Wolfsburg angewendet, die sich wie viele andere Cluster natürlich zahlreiche Wettbewerbsvorteile, Ziele und Visionen versprechen, die in Folgenden erläutert werden.

Vor allem wegen der räumlichen Konzentration eines Clusters gibt es sehr viele Wettbewerbsvorteile gegenüber einzeln arbeitenden Unternehmen. Durch die Lokation[4] sinken die Zulieferkosten, dies wirkt sich positiv auf die Wertschöpfungskette aus. Des weiteren erfolgt ein intensiver Wissensaustausch zwischen den Clusterelementen durch persönliche Beziehungen untereinander. Dadurch entwickelt sich ein kollektiver Lernprozess, der zu einer Steigerung der Wettbewerbsfähigkeit führt[5]. Außerdem kann durch die räumliche Ballung ein zeiteffektiveres Arbeiten stattfinden, weil in einem Cluster Austauschbeziehungen sowie das Treffen der Akteure erleichtert wird. Aufgrund der hohen Verflechtungen der Akteure untereinander wird ein Wettbewerbsdruck initiiert, der Innovationsleistung sowie Qualitätsbewusstsein steigern kann – getreu dem Motto „Konkurrenz belebt das Geschäft"[6]. Durch die engen Kooperationen kann sich das regionale Cluster bei großem Erfolg sogar ein besonders hohes Image aufbauen, welches die Wahrnehmung sowie die Weiterentwicklung des Clusters fördern kann. Ein gutes Image kann ebenfalls durch gemeinsam organisierte Messeauftritte geschaffen werden, welches eine zielgerichtete Öffentlichkeitsarbeit fördern würde. Ein letzter aber wichtiger Punkt ist die Zusammenarbeit mit Bildungs- und Forschungseinrichtungen, welche bei großem wirtschaftlichen Erfolg noch effektivere Kooperationen zulassen würde, bspw. richten viele

---

[4] hier : räumlich konzentrierte Lage
[5] Sautter,B., 2004, S.67
[6] vgl. Sternberg, R./Kiese, M./ Schätzl, L., 2004, S.165

Universitäten und Fachhochschulen neue oder auch duale Studiengänge in Verbindung mit den Unternehmen ein.

Der Cluster-Experte Christian Ketels identifiziert sich sehr mit diesen gennanten Zielen, Visionen und Vorteilen von regionalen Clustern gegenüber einzelnen und auch großen Unternehmen, denn „Cluster sind in der Regel ein fruchtbarer Grund für neue Entwicklungen, da sie einen sehr komplexen Prozess auf viele, miteinander kooperierende Schultern verteilen – auf spezialisierte Unternehmen und Dienstleister, Universitäten, Forschungsinstitute, die alle nicht linear agieren, sondern vernetzt"[7].

Obwohl es sehr viele Wettbewerbsvorteile gibt, darf aber nicht vergessen werden, dass eine Clusterzugehörigkeit keine Garantie für wirtschaftlichen Erfolg ist. Besonders wichtig bei Entwicklungen von Clustern sind nämlich die Entwicklungsstufen eines Clusters, welche im nachfolgenden Teil detailliert beschrieben werden.

4. Das Stufenmodell regionaler Clusterung

Basierend auf den empirischen Untersuchungen der regionalen Clusterung wurde ein spezielles Stufenmodell entwickelt, welches das gesamte regionale Cluster in seinen Entwicklungsstufen darstellen sollte, denn ohne die Miteinbeziehung des Entwicklungs- stadiums können keine fundierten Aussagen formuliert werden.

Es gibt drei zentrale Faktoren, die den Lebenszyklus eines Clusters maßgeblich prägen, nämlich die Unternehmen, das institutionelle Umfeld sowie die potentiellen Gründer. Entsprechend dazu zählt dieser Lebenszyklus drei bzw. vier Entwicklungsphasen: Entstehung, Wachstum, Stagnation und Schrumpfung. Dieser Kreislauf entspricht dem sogenannten „Produktlebenszyklus", welcher die wirtschaftliche Entwicklung eines neu entwickelten Produkt beschreibt, denn „Ähnlich einem Produkt durchläuft auch eine Industrie einen Lebenszyklus."[8] So kann man die Stufen der Entwicklung durch das Alter und das Wachstum des Clusters beschreiben.

Bei der Entstehung eines Clusters ist der Ballungsraum fast kaum erkennbar, in der Wachstumsphase sind hohe Zuwachsraten erkennbar, in der Reife stagniert die Entwicklung auf hohem Niveau und in der Schrumpfungsphase nehmen Wachstumsraten und Clusterelemente ab. Da das Stufenmodell regionaler Clusterung noch wesentlich umfangreicher ist, werden diese verschiedenen Phasen anhand Abbildung 1 schrittweise detailliert erläutert. Der Begriff der Heterogenität (=Uneinheitlichkeit) bezeichnet eine Orientierungs- oder Selektionsphase von einem bestimmten Technologiepfad, den ein

---

[7] Ketels, C., 2004, S.12.
[8] Menzel, M.-P./Fornahl, D., 2005, S.134 zitiert nach Klepper, S., 1997: „Industry life cycles".

Cluster einschlagen will. Bei dem Modell ist zu beachten, dass die Übergänge zwischen den Stufen fließend ineinander übergehen können und nicht deterministisch nacheinander abfolgen.

Abbildung 1: Clusterstufen nach Heterogenität und Entwicklung

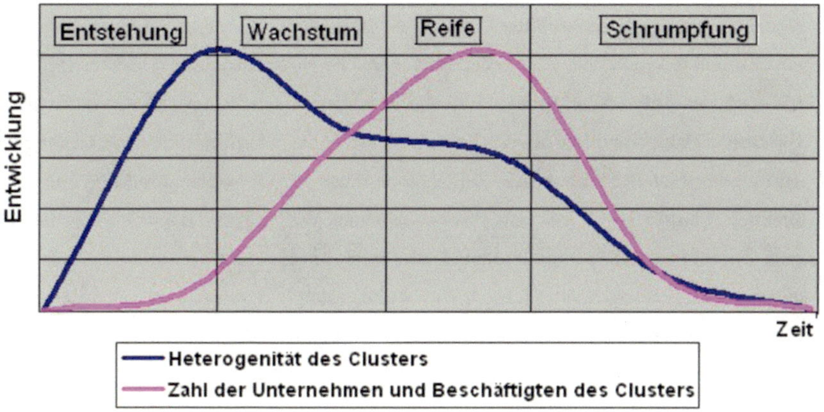

Quelle: eigene Anfertigung, erstellt nach Menzel, M.P./ Fornahl, D., 2005, S.136, Graphik.

Entstehung

Die Entstehungsphase eines Clusters weist eigentlich noch keine typischen Merkmale auf, da hierfür zu wenig Unternehmen und Beschäftigte in der Umgebung vorhanden sind. Im Grunde kann ein entstehendes regionales Cluster als solches kaum wahrgenommen werden, da es sich von anderen industriellen Regionen kaum abgrenzt. Aus diesem Grunde kann die Entstehungsphase in vielen Fällen erst dann beschrieben werden, wenn es sich zu einem größeren Cluster entwickelt hat. Aufgrund der geringfügig angesiedelten Firmen, gibt es auch noch kein institutionelles Umfeld, welches die gesamte wirtschaftliche Entwicklung fördern, anleiten und unterstützen könnte. Daher ist die technologische Ausrichtung der vorhandenen Unternehmen noch nicht auf einen zunehmend einheitlichen Pfad ausgerichtet, diese „technologische Distanz" zueinander wird mit dem Begriff der Heterogenität oder einfach der „Unterschiedlichkeit zueinander" bezeichnet. Wegen der hohen Heterogenität zwischen den Unternehmen können also kaum engere wirtschaftliche Beziehungen aufgebaut werden sowie keine kooperative Zusammenarbeit stattfinden. Allerdings besitzt ein entstehendes Unternehmenscluster zwei bestimmte grundlegende Voraussetzungen für wachsendes Wirtschaftpotenzial - erstens zählt es bereits einige Unternehmen, die eine „nachhaltige Vision für einen regionalen Technologiepfad bieten" und zweitens haben sie eine „starke Wissenschaftsbasis oder eine entsprechende politische Einflussnahme vorhanden"[9]. Durch diese beiden Merkmale kann eine sogenannte „kritische Masse" erreicht werden, welche nicht nur die Anzahl der Unternehmen und Partner umfasst, sondern vielmehr ihre Kernkompetenzen sowie Möglichkeiten und Chancen eine erfolgreiche Wertschöpfungskette auszubilden. Sie kann also gewisse erfolgsversprechende Ansätze entdecken und fördert spezielle Technologiebereiche wirtschaftlich und finanziell[10].

Während der Entwicklungsphase gibt es demnach ein sehr heterogenes, unterschiedliches Technologiefeld innerhalb des Clusters, welches viele verschiedene Ansätze zur weiteren Ausrichtung bietet. Im Laufe der Zeit müssen diese Möglichkeiten sorgfältig gesichtet und selektiert werden, damit ein erfolgsversprechender Weg für die Zukunft gefunden werden kann. Dieser spezielle Technologiepfad wird meist am Ende der Entstehungsphase entdeckt, sodass die Heterogenität nicht mehr weiter steigt, sondern im Übergang zu der Wachstumsphase seinen absoluten Hochpunkt erreicht hat (siehe blaue Kurve in Abb.1). Mit dieser Entwicklung der kritischen Masse und der allgemeinen „Clusterausrichtung" steigen auch die Zahlen der Unternehmen und Beschäftigten an, da das Cluster zunehmend als aussichtsreich erkannt wird (siehe rote Kurve in Abb.1).

Besonders wichtig für den Entstehungsprozess sind natürlich die Unternehmensgründungen, die das Cluster durch Innovationen und neue Kompetenzen grundlegend prägen. Damit diese Unternehmen sich aber erst einmal ansiedeln, sind wissenschaftliche Einrichtungen, die notwendige Infrastruktur und ein gewisses regionales Humankapital notwendig, welches den Unternehmen gerade in der Gründungsphase über „eine kritische Phase hinweg helfen"[11].

Wachstum

Wenn diese ersten kritischen Phasen erfolgreich überstanden sind, setzt aufgrund der positiven Möglichkeiten des Raumes ein enormer Wachstumsprozess ein. In dieser Phase gibt es den größten Anstieg der Unternehmens- und Beschäftigtenzahlen überhaupt (siehe rote Kurve in Abb.1). Es siedeln sich also folglich viele neue Unternehmen in der Clusterregion an, die im Gegensatz zu der ersten Phase ein definierbares Cluster erkennen lassen. In der Wachstumsphase kann der Unternehmenscluster also räumlich abgegrenzt werden, da nun ein Ballungsraum entstanden ist, der die bedeutenden Merkmale hohe

---

[9] Menzel, M.-P./Fornahl, D., 2005, S.139
[10] Sautter,B., 2004, S.70
[11] vgl. Menzel, M.-P./Fornahl, D., 2005, S.144

Konzentration von Einheiten sowie eine daraus resultierende Zusammenarbeit zwischen den Akteuren aufzeigt. Die technologische Ausrichtung, die am Ende der Entstehungsphase bezüglich der Heterogenität noch sehr hoch war, nimmt jetzt zum ersten Mal ab (siehe blaue Kurve in Abb.1). Diese Abnahme beinhaltet eine stärkere Zusammenarbeit zwischen allen clusterzugehörigen Elementen, welches darauf schließen lässt, dass sich das regionale Cluster auf speziell definierte Ideen spezialisiert hat und nun getreu der Theorie der Wertschöpfungskette produzieren kann. Aber nicht nur die Zahlen der Unternehmen und Beschäftigten nehmen zu, sondern auch die fördernden Institutionen sowie Bildungs- und Forschungseinrichtungen werden immer mehr integriert, sodass sich besonders die bedeutenden Netzwerke und Lieferbeziehungen ausbilden können. In diesem Prozess nimmt zwar die Fokussierung auf bestimmte Bereiche zu, doch bei der Zusammenarbeit und Produktion ist eine hohe Diversität ein weiteres wichtiges und notwendiges Merkmal. Eine hohe Diversität bezeichnet eine kooperative Zusammenarbeit, die sich auf möglichst viele Unternehmen verteilt, damit zum einen die möglichst höchsten Gewinne erzielt werden können (Synergieeffekte) und zum anderen eine qualitativ hochwertige Ausschöpfung der Kernkompetenzen der verschiedenen Unternehmen erzielt werden kann. Falls diese genannten Faktoren in der Wachstumsphase greifen, können sich die Netzwerke immer weiter ausbilden und verknüpfen.

Doch die weitere Planung sollte immer die zukünftigen Entwicklungen im Auge behalten und das Cluster nicht zu sehr spezialisieren, denn wenn sich die technologische Ausrichtung zu stark auf einen Wirtschaftsbereich spezialisiert und dieser plötzlich wirtschaftlich zusammenbricht, könnte dies erhebliche Verluste für das Cluster bedeuten. Ein gesundes Verhältnis zwischen Fokussierung, Heterogenität und Diversifizierung ist also in jeder Stufe erstrebenswert[12], obwohl dieser Zustand natürlich langfristig sehr schwer aufrechtzuerhalten ist.

Reife

Am Anfang der Reifephase wachsen die Unternehmens- und Beschäftigtenzahlen schließlich zu ihrem Hochpunkt an, wohingegen die Heterogenität weitestgehend gleich bleibt (vgl. Abbildung 1). Es kommt also im Verlauf der Reifephase zu einem Gleichgewichtszustand, welcher eine stagnierende wirtschaftliche Entwicklung auf hohem Niveau darstellt. Es liegt demzufolge eine homogene Ausrichtung auf das Cluster vor, welche oftmals eine stärkere Fokussierung auf den eingeschlagenen Produktionsbereich aufzeigt. Mit dieser einheitlichen,

---

[12] Sternberg, R./Kiese, M./ Schätzl, L., 2004, S.166-167

fokussierten Entwicklung, z.B. die Spezialisierung auf Computerchips, prägt es seine Region, sodass viele Menschen mit diesem Gebiet das Cluster mit all seinem Einfluss assoziiert. Dadurch, dass das Cluster der Region ein bestimmtes Image verpasst, sollte stets darauf geachtet werden, es positiv zu gestalten. Die zuvor geschaffenen Netzwerke arbeiten immer noch sehr kooperativ miteinander, sollten sich aber immer auf neue Ideen einlassen, daher ist es besonders wichtig, das eigene Konzept durchgehend zu überprüfen und wenn möglich so zu modifizieren, dass der Erfolg von langfristigem Bestand ist. Dazu ist auch die Generierung neuer Synergien notwendig, denn - wie schon angedeutet – ist es sehr riskant und gefährlich sich stur auf spezielle Produktionszweige zu fokussieren. In der Reifephase müssen die Netzwerke und fördernden Einrichtungen diese neuen Impulse in ihre Ausrichtung versuchen zu integrieren, um „eigenständig relevante Entwicklungsprozesse zu steuern"[13]. Wenn sich eine negative Entwicklung des Clusters aufgrund des derzeitigen Technologiepfades andeutet, dann sollte schnell versucht werden neue Konzepte zu erarbeiten. Eine mögliche Maßnahme zur Erschließung neuer Visionen sind die Anwerbung von potenziellen Unternehmensgründern, die durch ihre Integration die verloren gegangene Heterogenität erhöhen könnte. Jedenfalls steht das reife Unternehmenscluster am Ende der Reifungsphase vor der Aufgabe sich selbst neu zu orientieren, andernfalls setzt eine Schrumpfungsphase ein, welche im nachfolgenden Abschnitt beschrieben wird.

Schrumpfung

Wenn die kritische Entwicklungsphase am Ende des Reifeprozesses also nicht überwunden werden kann, dann schrumpft das Cluster, indem die Beschäftigungs- und Unternehmens-zahlen stark zurückgehen (vgl. Abb.1). Gründe dafür sind sowohl die zu starke Spezialisierung bzw. Fokussierung bei einer gleichzeitigen Abnahme der allgemeinen Wirtschaftsdynamik in dem ausgewählten Industriezweig des Clusters. Aufgrund dessen kommt es nämlich zu diesen Firmenschließungen sowie Entlassungen von Beschäftigten. Wegen dieser negativen Entwicklung sehen auch die notwendigen potenziellen Gründer keine nachvollziehbaren Gründe dafür, sich in dem Cluster anzusiedeln. In dem bestehenden Cluster sind es gerade die kleineren Firmen, welche an dem kollektiven Produktionsprozess nicht so viel beisteuern konnten, die von der existenzbedrohten Krise betroffen sind. Dadurch kommt es auch dazu, dass gerade die hohen erfolgreichen Ansprüche aus den vorhergehenden Phasen eine negatives Klima innerhalb des Clusters schaffen, sodass die

---

[13] Menzel, M.-P./Fornahl, D., 2005, S.139 zitiert nach Bresnahan et al., 2001: „'Old economy' inputs for 'new economy' outcomes: Cluster formation in the New Silicon Valleys".

erforderlichen Kompetenzen für die Innovationskraft nicht entfaltet werden können. Die geringe Diversität und die starke Fokussierung führen folglich dazu, dass Netzwerke geschlossen werden müssen, da die nötige Modifizierung des Entwicklungsweges versäumt wurde. Der Weg aus dieser existentiellen Krise kann nur gefunden werden, indem neue Konzepte erarbeitet werden, die eine weitere gemeinschaftliche Zusammenarbeit der vorhandenen Firmen gewährleisten würden. Zu diesem Zweck sind natürlich –wie in jeder Phase des Stufenmodells - Unternehmensgründungen sowie weitere fördernde Maßnahmen notwendig. Diese zentrale Rolle der Unternehmensgründung für die Entwicklung des regionalen Clusters wird daher im folgenden Punkt ausführlicher erläutert. Als zusammen-fassender Überblick über das gesamte Stufenmodell der regionalen Clusterung dient schließlich die beigefügte Tabelle 1, welche insbesondere auf die Unterscheidungsmerkmale der verschiedenen Stufen aufmerksam macht.

Tabelle 1: Unterscheidungsmerkmale der Clusterstufen

		quantitativ	*qualitativ*
entstehend	*direkt*	wenig Firmen und Beschäftigte	sehr heterogen
	systemisch	Cluster kaum wahrnehmbar	kaum Möglichkeiten für Netzwerkeffekte
wachsend	*direkt*	Wachstum der Anzahl der Firmen und Beschäftigten	absolute Diversität erhöht sich, die Heterogenität verringert sich
	systemisch	gestiegene Wahrnehmung von außen	offene Netzwerke, flexible Lieferbeziehungen
reif	*direkt*	stagnierende Firmen- und Beschäftigtenzahl	homogen, starke regionale Ausrichtung auf den Cluster
	systemisch	Cluster prägt die Region	offene Netzwerke, Generierung neuer Synergien
schrumpfend	*direkt*	Abnahme der Unternehmen und Beschäftigten	Geringe Diversität und starke Fokussierung
	systemisch	negative Stimmung gegenüber dem Cluster	geschlossene Netzwerke, fehlende Anpassungsfähigkeit des Clusters

Quelle: Menzel, M.P./ Fornahl, D., 2005, S.138, Graphik.

5. Regionale Cluster und Unternehmensgründungen

Unternehmensgründungen sind das zentralste Element überhaupt bei der Entstehung von regionalen Clustern, denn die Unternehmen sind für die Reifung neuer Ideen und Innovationen zuständig und können das Cluster maßgeblich beeinflussen. Doch nicht nur die Unternehmen prägen das Cluster, sondern das regionale Cluster beeinflusst Unternehmensgründungen zugleich. Es besteht also eine wechselseitige Beziehung zwischen diesen beiden Elementen, welche die Entwicklung des Stufenmodells entscheidend bestimmt.

Wenn sich Unternehmen in einem geclusterten Ballungsraum ansiedeln, dann erhöht sich zunächst einmal Größe, Konzentration und Dichte des Clusters sowie ihre absolute Beschäftigtenzahl. Neben dieser quantitativen Zunahme wird aber auch das Potenzial der Erweiterung der vorhandenen Kernkompetenzen vergrößert. Je nach der Unterschiedlichkeit der technologischen und wirtschaftlichen Ausrichtungen von Cluster und neuen Unternehmen, werden auch Diversität und Heterogenität verändert. Einerseits wird das Cluster stärker fokussiert, wenn das neue Unternehmen sich genau mit den vorhandenen Kompetenzen identifiziert und andererseits wird es heterogener, wenn das Unternehmen neue Ideen und Visionen integriert. Neue Unternehmen nehmen folglich Einfluss auf den gesamten Produktionszyklus des gemeinsamen Ganzen und ermöglichen eine Stärkung der entwickelten Wertschöpfungskette. Des weiteren führt natürlich ein durch Unternehmensgründungen vergrößerter Cluster zu einer höheren Wahrnehmung des Clusters von Außen. Falls eine positive Wahrnehmung generiert werden kann, dann verbessert dies natürlich das Image des Clusters und zieht somit wahrscheinlich Nachahmer bzw. weitere potenzielle Gründer an. Unternehmensgründungen sind in jeder Stufe der regionalen Clusterung von enormer Bedeutung, da vor allem von ihnen die gemeinsame Zusammenarbeit abhängt, welche schließlich zu wirtschaftlichen Erfolg führt[14].

Das Cluster andererseits muss in dieser interpendenten Beziehung zu den Unternehmensgründungen versuchen ein optimales Umfeld zu schaffen, damit sich potenzielle Gründer im dem Cluster ansiedeln. Dabei ist es wichtig so viele Unternehmen, Institutionen und Beschäftigte wie möglich zu überzeugen sich in diesem Raum niederzulassen. Wenn notwendige Bedingungen wie Bildungseinrichtungen, staatliche Förderungen, günstige Grundstückspreise, allgemein die geplante Finanzierung und Unterstützung sowie ein positives Image geschaffen werden können, dann kann es sich in hohem Maße entfalten und mit großem wirtschaftlichen Erfolg anwachsen. Dazu müssen aber auch die entscheidend relevanten Netzwerke, die sich zwischen den Akteuren ausgebildet haben, sehr kooperativ

---

[14] vgl. Menzel, M.-P./Fornahl, D., 2005, S.140-141, Text und Tabelle

und erfolgsversprechend gestaltet sein, denn diese Voraussetzungen sind für potentielle Gründer besonders wichtig[15].

An diesen Ausführungen wird deutlich wie vielseitig und eng verknüpft die wechselseitigen Beziehungen zwischen den Faktoren regionales Cluster und Unternehmensgründungen ist, die das Stufenmodell der regionalen Clusterung letztendlich formt und definiert. Nur wenn diese komplexen Wechselbeziehungen stetig kontrolliert und diagnostiziert werden, dann kann das gemeinsame Ziel, eine möglichst effiziente und gezielte Förderung von Unternehmensgründungen und regionalen Clustern mit wirtschaftlichem Erfolg erreicht werden.

6. Fazit

Der junge Modebegriff der regionalen Unternehmenscluster beschreibt also eine räumlich und sektoral begrenzte Wirtschaftsregion, die in kooperativer Zusammenarbeit zwischen Unternehmen und institutionellem Umfeld zusammenarbeitet und gemeinsam Produkte und Innovationen entwickelt, um dadurch beste Qualität und höchste Synergieeffekte zu erzeugen. Die Hauptcharakteristika eines regionalen Clusters sind der persönliche Kontakt, die räumliche und technologische Nähe sowie die gemeinsamen Projekte, Konzepte und Visionen. Jedes Cluster entwickelt sich sehr individuell und gleicht damit keinem anderen, da die wesentlichen Hauptbestandteile: Grundvoraussetzungen, Unternehmensgründungen und institutionelles Umfeld von sehr vielen weiteren Faktoren abhängen. Daher gibt es auch eine hohe Vielfalt möglicher Clusterstrukturen.

Zu beachten ist allerdings, dass ein regionaler Unternehmenscluster nicht einfach geplant und so in die Praxis umgesetzt werden kann, sondern die Strategie muss sich immer an die Region orientieren. Das Stufenmodell der regionalen Clusterung bietet für die Entwicklung eines Clusters die theoretischen Grundideen und versucht diese zu erläutern. Wenn in einem Cluster die eigenen Entwicklungsstufen diagnostiziert werden können, kann dies für die weiteren zukünftigen Entscheidungen von großer Bedeutung sein. In der Praxis gibt es für diese Diagnosen über Entwicklungsstufen spezielle, intensive Analyseverfahren, die von kompetenten Experten anhand komplexer Untersuchungen durchgeführt werden.

Abschließend kann sicher formuliert werden, dass die theoretischen Ansätze sowie die Grundidee der regionalen Unternehmenscluster enorm viele Wettbewerbsvorteile mitein beziehen, die allerdings nur in einer disziplinierter kooperativer Organisation und Zusammen-

---

[15] vgl. Menzel, M.-P./Fornahl, D., 2005, S.141-143, Text und Tabelle

arbeit in hohem Maße ausgeschöpft werden kann, damit sich ein funktionierendes, gesundes Clustersystem entwickeln kann.

7. Quellenverzeichnis

- KETELS, C.: Motoren für die Region. Der Cluster-Experte Christian Ketels im Gespräch mit „Unternehmen Region". In: Unternehmen Region 2/2004, S.12-13.

- MENZEL, M.P. und Fornahl, D.: Unternehmensgründungen und regionale Cluster. Ein Stufenmodell mit quantitativen, qualitativen und systematischen Faktoren. In: Zeitschrift für Geographie 3-4/2005, S.131-149.

- SAUTTER, B.: Regionale Cluster. Konzept, Analyse und Strategie zur Wirtschafts-förderung. In: Standort – Zeitschrift für Angewandte Geographie 2/2004, S.66-72.

- STERNBERG, R./ KIESE, M./ SCHÄTZL, L.: Clusteransätze in der regionalen Wirtschaftsförderung. Theoretische Überlegungen und empirische Beispiele aus Wolfsburg und Hannover. In: Zeitschrift für Geographie 3-4/2004, S.164-181.